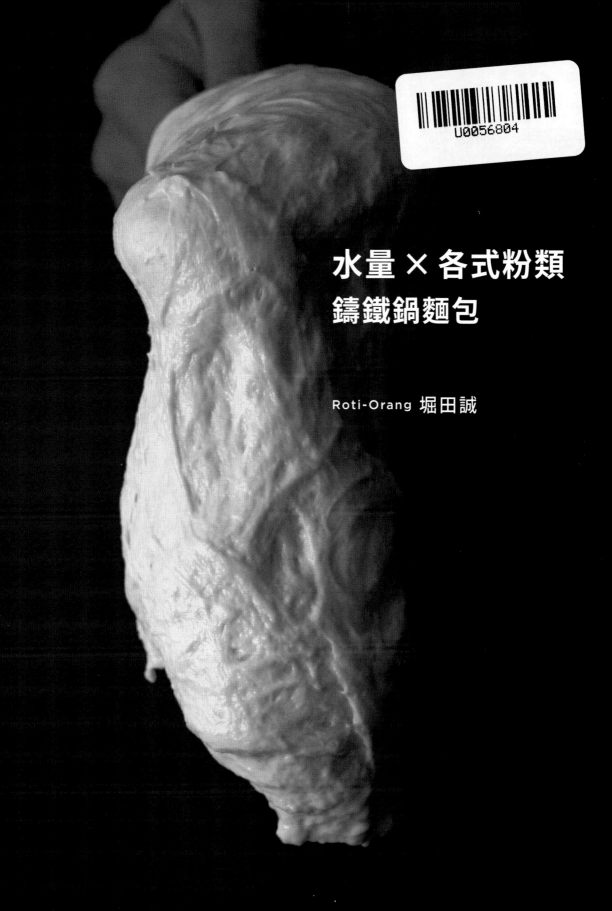

水量 × 各式粉類
鑄鐵鍋麵包

Roti-Orang 堀田誠

瑞昇文化

CONTENTS

品質優良的高水量麵包

- 為了測量準確，所有材料皆以 g 標記。
- 本書使用電子式烤箱，也標記了使用瓦斯式烤箱所需的溫度及烤焙時間。但不論是電子式烤箱或瓦斯式烤箱，其烤焙時間都可能因機種不同而有些許差異，所以請觀察麵包顏色並自行調整。
- 發酵時間會因環境不同而有些許差異。請以麵團膨脹至 1.5 倍左右為參考基準。

※譯註：「甘露煮」指將醬油、味醂、酒和糖（砂糖、麥芽糖或蜂蜜）等調味料與食材一起入鍋，以小火慢慢煮到水份近乎收乾，讓調味料滲入食材內的烹調方式。最後的成品會呈現漂亮的焦糖色澤，味道甘甜而微鹹。

品質優良的吐司麵包

品質優良的布里歐修麵包

何為品質優良的
高水量麵包

高水量麵包的特徵是水量多,所以很難直接用
手搓揉麵團。因為無法大力搓揉麵團形成麵
筋,所以製作步驟以攪拌為主。

本書介紹三種優質的高水量麵包麵糰,並用不
同的麵粉種類、麵粉組合以及內餡配料。有紮
實的基本款麵包、柔軟的吐司麵包、柔軟且香
氣濃郁的布里歐修麵包。不同的麵粉和配料製
造出不同的風味和口感,讓麵包品項更加豐
富。

烤麵包時不需要用模具和烤盤,而是使用
Staub鑄鐵鍋。這樣除了能減少工具,也不會
弄髒手或到處灑滿麵粉,不管是誰都能輕鬆製
作。

用Staub鑄鐵鍋做才好吃！

具有優秀的保溫、保濕效果的Staub鑄鐵鍋非常適合用來製作高
水量麵包。Staub鑄鐵鍋可在麵包發酵時防止水分蒸發，並具有
天然的蓄熱性，能烤出外表酥脆、內部濕潤彈牙的麵包。Staub
鑄鐵鍋除了能做料理，無庸置疑地也非常適合用來製作高水量麵
包！每次使用都會深陷其魅力當中。請盡情享受使用Staub鑄鐵
鍋做出的美味麵包吧！

基本的
材料

麵粉

本書主要使用具有濃郁風味的日本產小麥粉。請查看包裝上標示的「灰分量（=礦物質量）」後，選用灰分量0.4%以上的麵粉，就能做出有層次感的麵包。

日本產小麥粉

夢之力高筋麵粉（ゆめちから）、春豐高筋麵粉、歐式麵包專用粉（TYPE ER）、春之戀高筋麵粉（春よ）。

其他粉類

大麥麵粉、SACCO ROSSO義大利麵粉、日本產全麥麵粉、斯佩耳特小麥麵粉、綜合穀物粉、大豆粉、蕎麥粉、日本產黑麥麵粉等。

鹽

什麼鹽都可以。本書使用礦物質成分較高的天然鹽。能做出有層次感的麵包。

水

分為軟水和硬水，本書使用軟水。用淨水器過濾後的水或寶特瓶裝水（硬度30～50）。

速發乾酵母

分為一般麵包用和高糖麵包用（耐糖性）兩種。本書使用一般麵包用酵母。

關於酵母

酵母分為生酵母、乾酵母、速發乾酵母三種，生酵母因為具有活性較難處理，乾酵母則需要預備發酵。與這兩者相比更推薦使用速發乾酵母，不需要預備發酵且發酵力最強，即使是初學者也能輕鬆使用。

基本的
工具

密封容器

從製作麵團到一次發酵只用一個容器就OK。建議使用從外面可以看到麵團膨脹狀況的半透明容器。其優點在於省下攪拌盆,容器本身附蓋子所以也不需使用保鮮膜。本書使用14㎝×14㎝×高度7㎝的容器。

塑膠袋

製作高水量吐司麵包和布里歐修麵包時使用。倒入材料後直接搖晃袋子進行混合。

溫度計

剛製作完成麵團時的基礎發酵溫度很重要,所以要在混合攪拌前先用食品溫度計測量麵粉和水的溫度。在室溫下測量時,請去除蓋子後直接測量。

磅秤

用兩種測量工具會比較方便。一種是最大能測量到2kg的電子磅秤,還有能準確地測量到0.1g的微量電子秤。測量像是鹽或酵母的細微數值時,用湯匙式的測量工具會很方便。

刮刀

因為是含水量多的麵團,要是用手混合手上很容易沾黏麵團,所以一律使用刮刀攪拌。混合材料時的重點是小力地混合攪拌,盡可能不要破壞麵筋組織。

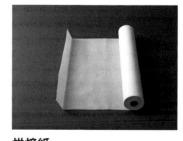

烘焙紙

為了防止麵團黏在鍋子上,所以要在鍋底鋪烘焙紙。配合鍋子大小修剪烘焙紙後,再把麵團倒入其中。烤好之後連同烘焙紙一起也會比較容易取出。

Staub鑄鐵鍋

從二次發酵到烤焙只要用一個鍋就OK。具有優越的保溫性、保濕性、熱傳導性,是最適合做高水量麵包的鍋具。本書中使用17㎝橢圓形、18㎝圓形和20㎝圓形的鍋具。

製作高水量麵包的重點

〔 基礎發酵溫度 〕

麵團會因酵母發酵而膨脹。因為酵母具有活性，所以溫度變化會影響到發酵狀態。其中混合材料時的基礎發酵溫度，也就是**促進最初發酵的溫度**，因此粉類的溫度、水溫和室溫都非常重要。本書將**基礎發酵溫度設定為25℃**。

計算溫度時可以使用下列公式，「**室溫＋粉類的溫度＋水的溫度＝75℃**」。依照這個計算公式導入室溫和麵粉的溫度，再計算出水的溫度以進行調整。例如室溫為25℃時，放置於室溫下的麵粉溫度也是25℃。得到75-25-25＝25，因此要加入25℃的水。

〔 發酵 〕

分為**一次發酵**和**最終發酵**。**一次發酵**指製作好的麵團裡的酵母在麵筋組織中**產生二氧化碳氣體的過程**。**最終發酵**則是指氣泡和麵筋組織會進一步地使麵團延展至定型，也是**決定口感、風味、滋味以及香氣的過程**。

不同種類的麵包有各自規定的基礎發酵溫度，可以善用烤箱的發酵功能來進行發酵。

〔 烘焙比例（百分比） 〕

烘焙百分比是指將麵粉的重量設定為100%，再依照其他材料佔麵粉百分比的比率計算重 。若得到百分比值，不管要做少量或大量的麵團，都能簡單地計算出材料用量。例如100%麵粉中要加入5%砂糖，使用500g的麵粉時，砂糖則為500×0.05＝25g。本書中的所有食譜皆有標記烘焙百分比，請多加善用。

〔 烘焙紙的鋪法 〕

不管烤哪一款麵包，都要在鍋子上鋪烘焙紙。以下介紹本書中使用的17cm、18cm、20cm鑄鐵鍋通用的烘焙紙剪法和摺法。

1 將烘焙紙剪成長寬各30cm的正方形並對摺。

2 畫出6條記號線，用剪刀沿線剪開。

3 鋪在鍋子上並調整。

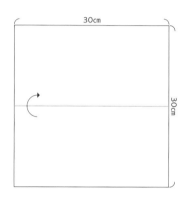

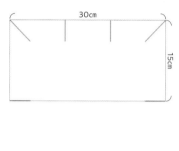

圓形

橢圓形

〔 麵包保存 〕

請把剛出爐的麵包連同烘焙紙從鍋中一起取出放涼後，再切片享用。若是吃不完，可用保鮮膜包起、放入冷凍用保存袋後冰入冷凍庫，並請盡早食用完畢。要吃的時候，自然解凍後再稍微烘烤一下後即可享用。

關於Staub鑄鐵鍋

烤出美味麵包的 3 個秘密

〔 琺瑯加工 〕

在剛做好的鑄鐵鍋表面噴灑上一層液狀琺瑯後,用800°C高溫連續燒製30分鐘。以這種特殊加工方式製成的Staub鑄鐵鍋具有優良的保溫性、保濕性和保冷性。可防止麵包發酵期間水分蒸發,也能確實蓄熱烤焙麵包。

〔 汲水釘 〕

鍋蓋的背面上有圓形的突起。熱鍋後從食材中冒出的水氣會形成水蒸氣,對流後變成水滴流到汲水釘後,全都會再滴入鍋中。烤麵包時,就靠汲水釘來防止乾燥。

〔 適用於烤箱 〕

鍋蓋的把手是金屬製且耐高溫,所以可以加蓋直接放入烤箱。烤麵包時,能像石釜一樣確實蓄熱,緩慢地將熱能傳遞至麵團使其膨脹,烤出濕潤又美味的麵包。

Staub 鑄鐵鍋的種類

有多種外型與顏色。以形狀來看，大致上可分為圓形和橢圓形兩種。圓形鑄鐵鍋有10cm、14cm、16cm、18cm、20cm、22cm、24cm等；橢圓形鑄鐵鍋則有11cm、15cm、17cm、23cm、27cm等固定尺寸。顏色則有黑、灰、櫻桃紅等基本顏色，且不斷推出新色。

＊另有專業用圓形鑄鐵鍋尺寸最大到34cm、橢圓形最大到41cm。詳細資訊請搜尋台灣德國雙人牌官方網站（參考P80）。

關於本書中使用的 Staub鑄鐵鍋

本書使用17cm橢圓形、18cm和20cm圓形的Staub鑄鐵鍋。

基本款麵包中三種鍋款的麵團份量和烤焙時間都一樣。

因為吐司麵包和布里歐修麵包比較重視口感，所以因應不同鍋款建議使用不同的麵團量。

請參考P18、P40、P60上標記的麵粉用量與烤焙時間。

在2014年出版的《「Staub鑄鐵鍋」免揉歐式麵包》一書中介紹了就算是初學者也不會失敗的高水量麵包的做法。這次我將麵包製作的重點放在麵粉質感和口感上，想為讀者介紹簡單又能做出高品質麵包的方法。

請試著品嘗看看讓小麥麵粉充分吸收水分後，做出的彈牙麵包的深層滋味。在本書中不用反覆搓揉的經典軟麵包的做法，而是採用能輕鬆製作的完全攪拌法來製作吐司麵包。這種方法在一開始就加入砂糖和油脂，確實攪拌直到形成麵筋。隨後善用刮刀將不易成形的麵團像是用叉子吃義大利麵一樣，捲動纏繞成一整團。

如果比較講究口感的話，可直接烤焙剛揉好的麵糰，不須放入冰箱。

在進階版的應用篇中，也會介紹做布里歐修麵包時，預先混合好粉類和奶油的方法。用這種方法能做出輕盈柔軟且有嚼勁的美味麵包。

不論做哪種麵包都能用一個Staub鑄鐵鍋來製作，請務必挑戰看看高水量麵包的做法。

Roti-Orang 崛田誠

品質優良
的高水量
麵包

紮實且口味純正的高加水麵包。

就算不添加任何配料，

麵包的滋味也能在咀嚼的過程中擴展開來。

請試著使用不同的麵粉、

混合 2 種麵粉或更換內餡配料吧！

基本的高水量麵包

提前一天進行一次發酵，在當天進行最終發酵並烤焙。

因為讓麵包在冰箱中緩慢發酵了一個晚上，所以能做出滋味豐富的麵包。

BASIC

材料　1個18cm圓形鑄鐵鍋用量

		烘焙百分比%
歐式麵包專用粉（TYPE ER）	300g	100
速發乾酵母	0.6g	0.2
鹽	5.4g	1.8
水	240g	80
Total	546g	182

準備

前一天

・將麵粉倒入密閉容器中測量。

當天

・在鍋子裡鋪上烘焙紙（參考P11）。

〔 不同鍋款、麵粉用量和烤焙時間 〕 ＊麵粉用量為200g或250g時，請依照上方標示的烘焙百分比調整其他的材料。

	17cm橢圓形	18cm圓形	20cm圓形
麵粉200g	30～35分鐘（加蓋15分鐘→不加蓋15～20分鐘）		×
麵粉250g	35～40分鐘（加蓋15分鐘→不加蓋20～25分鐘）		
麵粉300g	35～40分鐘（加蓋15分鐘→不加蓋20～25分鐘）		

前一天

STEP 1

在麵粉中加入酵母

在裝好麵粉的密閉容器中加入酵母。

STEP 2

混合

使用刮刀由下往上小力地翻拌幾次後,將麵粉撥到一邊。

STEP 3

加入鹽和水

在容器中加入鹽和水。

STEP 4

小力地攪拌麵粉

緩慢地前後移動刮刀以攪拌麵粉。注意力道要小且緩慢。若是容器太大容易過度攪拌,所以用偏小的容器會比較好。

緩慢且小力地前後翻動。

與一半的麵粉混合攪拌。

STEP 5

翻拌麵粉

混合了一半的麵粉後,將所有麵粉由下往上小力且大幅度地攪拌。邊轉動容器邊重複這個動作,直到麵粉沒有顆粒並形成一個完整的麵團即可。

由下往上翻拌。

邊轉動容器邊重複上述動作。

STEP 6

抹平麵團

左右移動刮刀,使麵團表面平整。

基礎發酵溫度 25℃

STEP 7

一次發酵

加蓋後在30℃下發酵1個小時。可善用烤箱的發酵功能。在室溫下(25℃)發酵大約要2個小時左右。以麵團稍微膨脹起來為判斷基準。

STEP 8

在冰箱中發酵一晚

加蓋後讓麵團在冰箱中長時間低溫發酵。一晚是指至少要放在冷藏中10個小時以上。以麵團膨脹至1.5倍為判斷基準。

＊如此會產生恰當的滋味。

當天

STEP 9

扭轉並攪拌麵團

一邊轉動容器,一邊在容器四個角重複以下步驟,「將刮刀插入角落後提起麵團→提高並扭轉麵團→將提起的麵團放到中央」。

＊這樣做能做出強化麵筋,做出柔軟彈牙的麵包。

將刮刀插入容器的角落。

將麵團提高到中心處。

扭轉。

將麵團放到中央。

STEP 10

倒入鍋中

將麵團倒入鋪好烘焙紙的鍋中。

STEP 11

最終發酵

加蓋後在30℃下發酵1個小時。可善用烤箱的發酵功能。在室溫下（25℃）發酵則大約1個半小時左右。**以麵團膨脹至1.5倍為判斷基準。**

發酵前。

發酵後。

STEP 12

烤焙

將麵團放入預熱好的烤箱中烤15分鐘。打開烤箱取下蓋子後，再烤20～25分鐘，將麵包連同烘焙紙一起從鍋中取出放涼。

| 電子式烤箱 |

預熱至250℃。用250℃烤15分鐘→取出蓋子後再烤20～25分鐘。

| 瓦斯式烤箱 |

預熱至230℃。用230℃烤15分鐘→取出蓋子後再烤20～25分鐘。

蓋上蓋子放入烤箱中。

15分鐘後取出蓋子。

春豐高筋麵粉 材料與做法→ P24

春之戀高筋麵粉 材料與做法→ P24

斯佩耳特小麥麵粉　材料與做法→ P25

SACCO ROSSO 義大利麵粉　材料與做法→ P25

使用不同品牌的麵粉

春豐高筋麵粉

以日本產小麥品種「春豐」為主體混製而成的高筋麵粉。
能烤出稍微帶有一點嚼勁的麵包。

材料 1個18cm圓形鑄鐵鍋用量

		烘焙百分比%
春豐高筋麵粉	300g	100
速發乾酵母	0.6g	0.2
鹽	5.4g	1.8
水	255g	85
Total	561g	187

準備和做法

做法基本上和準備（P18）、基本做法（P19～21）
相同。但使用不一樣的麵粉。

春之戀高筋麵粉

這款麵粉屬於春播小麥，可以品嘗到單一品種小麥的滋味。比起嚼勁，更凸顯小麥
的濃郁風味與滋味，能烤出口感滑順且帶有彈牙感的麵包。

材料 1個18cm圓形鑄鐵鍋用量

		烘焙百分比%
春之戀高筋麵粉	300g	100
速發乾酵母	0.6g	0.2
鹽	5.4g	1.8
水	255g	85
Total	561g	187

準備和做法

做法基本上和準備（P18）、基本做法（P19～21）
相同。但使用不一樣的麵粉。

斯佩耳特小麥麵粉

一開始鑽研小麥，就絕對不能錯過古代小麥品種。
這款麵包能品嘗到自古以來不變的小麥風味與滋味。

材料　1個18cm圓形鑄鐵鍋用量

		烘焙百分比%
斯佩耳特小麥麵粉	300g	100
速發乾酵母	0.6g	0.2
鹽	5.4g	1.8
水	240g	80
Total	546g	182

準備和做法

做法基本上和準備（P18）、基本做法（P19〜21）相同。但使用不一樣的麵粉。

SACCO ROSSO 義大利麵粉

這款麵粉是用來製作披薩和手工義大利麵的小麥麵粉，因此細緻的粉體是
一大特徵。有和日本產小麥不同的風味和彈牙感。

材料　1個18cm圓形鑄鐵鍋用量

		烘焙百分比%
SACCO ROSSO義大利粉	300g	100
速發乾酵母	0.6g	0.2
鹽	5.4g	1.8
水	240g	80
Total	546g	182

準備和做法

做法基本上和準備（P18）、基本做法（P19〜21）相同。但使用不一樣的麵粉。

春豐高筋麵粉＋日本產全麥麵粉 材料與做法→ P28

春之戀高筋麵粉＋大麥麵粉 材料與做法→ P28

歐式麵包專用粉（TYPE ER）＋綜合穀物粉 材料與做法→ P29

SACCO ROSSO 義大利麵粉＋蕎麥粉 材料與做法→ P29

混合2種麵粉

春豐高筋麵粉＋日本產全麥麵粉

能充分品嘗到小麥穀物香氣的麵包。
做成三明治不管和哪種配料都很搭。

材料 1個20cm圓形鑄鐵鍋用量

		烘焙百分比%
春豐高筋麵粉	270g	90
日本產全麥麵粉	30g	10
速發乾酵母	0.6g	0.2
鹽	5.4g	1.8
水	240g	80
Total	546g	182
日本產全麥麵粉	適量	

準備和做法

做法基本上和準備（P18）、基本做法（P19～21）相同。但測量麵粉時要將2種麵粉一起倒入密閉容器中測量。在 **STEP 10** 將麵團放入鍋子後，撒上日本產全麥麵粉。

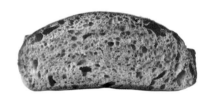

春之戀高筋麵粉＋大麥麵粉

能品嘗到小麥彈牙感的春之戀高筋麵粉，再加上有豐富膳食纖維的大麥麵粉，增加彈牙感。

材料 1個20cm圓形鑄鐵鍋用量

		烘焙百分比%
春之戀高筋麵粉	240g	80
大麥麵粉	60g	20
速發乾酵母	0.6g	0.2
鹽	5.4g	1.8
水	270g	90
Total	576g	192

準備和做法

做法基本上和準備（P18）、基本做法（P19～21）相同。但測量麵粉時要將2種麵粉一起倒入密閉容器中測量。

歐式麵包專用粉（TYPE ER）＋綜合穀物粉

添加了麥芽粉、燕麥和向日葵籽的綜合穀物粉。
是一款品嘗得到各種穀物滋味的麵包。

材料 1個20cm圓形鑄鐵鍋用量

		烘焙百分比%
歐式麵包專用粉（TYPE ER）	240g	80
綜合穀物粉	60g	20
速發乾酵母	0.6g	0.2
鹽	5.4g	1.8
水	240g	80
Total	546g	182
綜合穀物粉	適量	

準備和做法

做法基本上和準備（P18）、基本做法（P19~21）相同。但測量麵粉時要將2種麵粉一起倒入密閉容器中測量。在 **STEP 10** 將麵團放入鍋子後，撒上綜合穀物粉。

SACCO ROSSO 義大利麵粉＋蕎麥粉

產自義大利的麵粉加上日本人熟悉的蕎麥粉。
微微飄散出蕎麥粉的香氣。

材料 1個20cm圓形鑄鐵鍋用量

		烘焙百分比%
SACCO ROSSO義大利麵粉	240g	80
蕎麥粉	60g	20
速發乾酵母	0.6g	0.2
鹽	5.4g	1.8
水	240g	80
Total	546g	182
蕎麥粉	適量	

準備和做法

做法基本上和準備（P18）、基本做法（P19~21）相同。但測量麵粉時要將2種麵粉一起倒入密閉容器中測量。在 **STEP 10** 將麵團放入鍋子後，用篩網過篩撒上蕎麥粉。

加入內餡配料

甜納豆

將歐洲小麥搭配上和風滋味。
蕎麥粉和甜納豆是令人懷念的古早滋味。

材料　1個17cm橢圓形鑄鐵鍋用量

		烘焙百分比%
SACCO ROSSO義大利麵粉	240g	80
蕎麥粉	60g	20
速發乾酵母	0.6g	0.2
鹽	5.4g	1.8
水	240g	80
甜納豆（綜合）	90g	30
Total	636g	212

準備和做法

做法基本上和準備（P18）、基本做法（P19～21）相同。但測量麵粉時要將2種麵粉一起倒入密閉容器中測量。在 **STEP 5** 麵粉變得完全沒有顆粒前，加入甜納豆再攪拌（如圖）。

黑芝麻糊＋番薯乾

在日本產小麥中加入滿滿黑芝麻的豐富滋味。
不用番薯乾改加切碎的蒸地瓜也很好吃。

材料　1個17cm橢圓形鑄鐵鍋用量

		烘焙百分比%
歐式麵包專用粉（TYPE ER）	300g	100
速發乾酵母	0.6g	0.2
鹽	5.4g	1.8
水	240g	80
黑芝麻糊	60g	20
番薯乾（切成粗丁）	60g	20
Total	666g	222
白芝麻	適量	

準備和做法

做法基本上和準備（P18）、基本做法（P19～21）
相同。但在 STEP 3 也要加入黑芝麻糊。在
STEP 5 麵粉變得完全沒有顆粒前，加入番薯乾
後混合攪拌。在 **STEP 10** 把麵團放入鍋子後，
撒上白芝麻。

八丁味噌＋腰果

在高品質古代小麥之中加入高品質的發酵食品提升美味度。
若沒有八丁味噌，也可以改用自己喜愛的味噌。

材料 1個17㎝橢圓形鑄鐵鍋用量

		烘焙百分比%
斯佩耳特小麥麵粉	240g	80
大豆粉	60g	20
速發乾酵母	0.6g	0.2
鹽	2.4g	0.8
水	240g	80
八丁味噌	30g	10
腰果（烘烤）	30g	10
Total	603g	201
碎腰果（烘烤）	適量	

準備和做法

做法基本上和準備（P18）、基本做法（P19～21）
相同。但測量麵粉時要將2種麵粉一起倒入密閉
容器中測量。在 **STEP 3** 也要加入八丁味噌。在
STEP 5 麵粉變得完全沒有顆粒前，加入腰果並
混合攪拌。在 **STEP 10** 將麵團放入鍋子後，撒
上切碎的腰果。

醬油＋栗子甘露煮

醬油是日本人喜好的發酵調味料。這是當作鹹味使用的隱藏風味。
醬油和栗子的風味與口感的加乘效果也很令人期待！

材料　1個18㎝圓形鑄鐵鍋用量

		烘焙百分比%
春豐高筋麵粉	240g	80
大麥麵粉	60g	20
速發乾酵母	0.6g	0.2
鹽	2.4g	0.8
水	270g	90
醬油	6g	2
栗子甘露煮（切成粗丁）	60g	20
Total	**639g**	**213**
栗子甘露煮	適量	

準備和做法

做法基本上和準備（P18）、基本做法（P19～21）相同。但測量麵粉時要將2種麵粉一起倒入密閉容器中測量。在 **STEP 3** 也要加入醬油。在 **STEP 5** 麵粉變得完全沒有顆粒前，加入栗子甘露煮並混合攪拌。在 **STEP 10** 將麵團放入鍋子後，撒上栗子甘露煮。

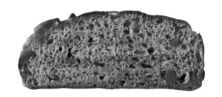

牛肝菌菇＋義大利培根

一同享受牛肝菌菇和義大利培根的香氣吧！
加上高級起司一起吃更是絕頂美味！

材料　1個18㎝圓形鑄鐵鍋用量

		烘焙百分比%
春豐高筋麵粉	270g	90
日本產全麥麵粉	30g	10
速發乾酵母	0.6g	0.2
鹽	5.4g	1.8
水	240g	80
牛肝菌菇（乾燥）	6g	2
義大利培根（切成5～8mm的碎丁）	60g	20
Total	**612g**	**204**

準備和做法

做法基本上和準備（P18）、基本做法（P19～21）相同。但牛肝菌菇要用食品研磨機打碎，並按烘焙百分比加水引出風味。測量麵粉時將2種麵粉一起倒入密閉容器中測量。在 **STEP 3** 將牛肝菌菇連同水一起加入。在 **STEP 5** 麵粉變得完全沒有顆粒前，加入義大利培根並混合攪拌。

綜合堅果

在帶有嚼勁的日本產小麥中,加入充滿香氣與風味的黑麥麵粉,做成鄉村麵包。為了使綜合堅果更容易消化吸收,先泡過熱水後再使用。

材料 1個20㎝圓形鑄鐵鍋用量

		烘焙百分比%
春豐高筋麵粉	240g	80
日本產黑麥麵粉	60g	20
速發乾酵母	0.6g	0.2
鹽	5.4g	1.8
水	240g	80
綜合堅果	45g	15
熱水	45g	15
Total	**636g**	**212**
綜合堅果	適量	

準備和做法

做法基本上和準備(P18)、基本做法(P19~21)相同。但要將綜合堅果放入耐熱容器中並倒入熱水,用保鮮膜封口後放置30分鐘。測量麵粉時要將2種麵粉一起倒入密閉容器中測量。在 **STEP 5** 麵粉變得完全沒有顆粒前,加入浸泡過熱水的綜合堅果並混合攪拌。在 **STEP 10** 將麵團放入鍋子後,撒上綜合堅果。

品質優良的
吐司麵包

來試試看濕潤、柔軟又輕盈的麵包做法吧！

從本頁開始要分別將液體倒入密閉容器中混合、

將粉類倒入塑膠袋中混合後，

再全部放到密閉容器中混合攪拌。

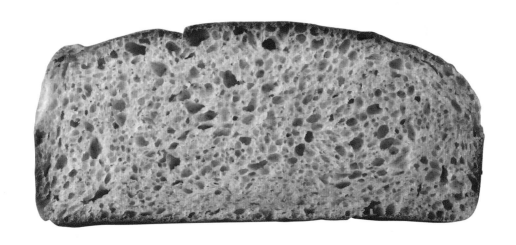

高水量吐司麵包

在製作當天一口氣完成一次發酵、最終發酵到烤焙出爐。

重點是用刮刀一邊捲動麵團，一邊逐漸加強麵筋形成。

因為這種高水量麵包必須"小力攪拌"，所以要多練習攪拌手法。

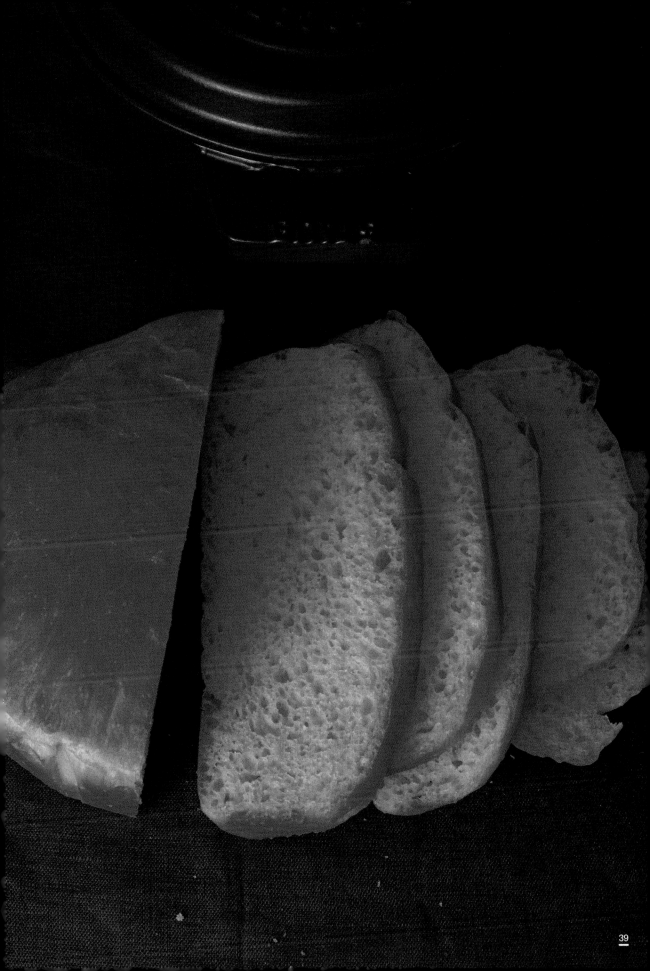

BASIC

材料　1個20㎝圓形鑄鐵鍋用量

		烘焙百分比%
春豐高筋麵粉	300g	100
速發乾酵母	1.8g	0.6
鹽	4.8g	1.6
蔗糖	15g	5
牛奶	90g	30
水	150g	50
太白胡麻油	15g	5
Total 576.6g		192.2

準備

當天

・將麵粉倒入塑膠袋中測量。
・在鍋子裡鋪上烘焙紙（參考 P11）。

〔 不同鍋款、麵粉用量和烤焙時間 〕 ＊麵粉用量為200g或250g時，請依循上方標示烘焙百分比調整其他的材料。

	17㎝橢圓形	18㎝圓形	20㎝圓形
麵粉200g	33分鐘（加蓋10分鐘→不加蓋23分鐘）		
麵粉250g	35分鐘（加蓋10分鐘→不加蓋25分鐘）		
麵粉300g	×	35～38分鐘（加蓋10分鐘→不加蓋25～28分鐘）	

STEP 1

將材料倒入容器中

依照順序將鹽→糖→牛奶→水→太白胡麻油倒入密閉容器中，用刮刀混合鹽和砂糖直到溶解。

STEP 2

將麵粉和酵母混合

在裝好麵粉的塑膠袋中加入酵母。
保留袋中空氣並搖晃混合。

在麵粉中加入酵母。

搖晃混合均勻。

STEP 3

將麵粉加入容器中攪拌

將麵粉倒入容器中，並用刮刀「由下往上翻拌」，邊轉動容器邊重複這個步驟，直到八成的材料徹底攪拌均勻。

在裝好材料的容器中倒入麵粉。

由下往上翻拌。

邊轉動容器邊重複步驟。

攪拌到稍微殘留一些麵粉為止。

STEP 4

小幅度畫圈攪拌後抹平麵團

用刮刀在容器中小幅度畫圈攪拌至麵團中沒有顆粒為止，之後將麵團表面抹平。

基礎發酵溫度 28℃

用刮刀小幅度地畫圈攪拌。

用刮刀抹平麵團。

STEP 5

一次發酵

加蓋後在30℃下發酵30分鐘。可善用烤箱的發酵功能。在室溫（25℃）下發酵的話約要1個小時。**以麵團稍微膨脹起來為判斷基準。**

STEP 6

用刮刀混合攪拌

「將刮刀插入角落後提起麵團→轉動刮刀半圈→將麵團放到中央」。在對面的角落也重複一次上述步驟。

將麵團提起。

轉動刮刀半圈。

放置麵團。

STEP 7

用刮刀捲起麵團

將對面的角落的麵團放到中央後，把刮刀垂直插在容器中央，邊轉動邊捲起麵團。

垂直插在中央。

旋轉並捲起。

STEP 8

倒入鍋中

在刮刀上纏著麵團的狀態下提起麵團後，放入鋪好烘焙紙的鍋子裡。將麵團從刮刀上取下後，用手指抹平孔洞。

提起麵團放到鍋中。

用手取下麵團。

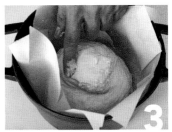
用手指抹平孔洞。

STEP 9

最終發酵

加蓋後在30°C下發酵1個半小時。可善用烤箱的發酵功能。在室溫（25°C）下發酵的話約為2個半小時。以麵團膨脹至1.5倍為判斷基準。

發酵前。

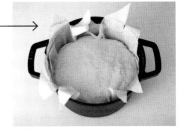
發酵後。

STEP 10

烤焙

將麵團放入預熱好的烤箱中烤10分鐘。打開烤箱取下蓋子，再烤25～28分鐘後，將麵包連同烘焙紙一起從鍋中取出放涼。

蓋上蓋子放入烤箱中。

[電子式烤箱]

預熱至190°C。用190°C烤10分鐘→取出蓋子後再烤25～28分鐘。

[瓦斯式烤箱]

預熱至170°C。用170°C烤10分鐘→取出蓋子後再烤25分鐘。

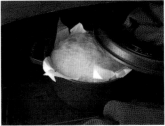
10分鐘後取出蓋子。

豆漿　材料與做法→ P46

味醂　材料與做法→ P46

日本甘酒＋柿子乾　材料與做法→ P47

咖哩粉＋黑橄欖＋南瓜籽　材料與做法→ P47

豆漿

只是把基本吐司麵包中的牛奶改成了豆漿。
是一款具有豆漿獨特的樸素味道的討喜麵包。

材料　1個18cm圓形鑄鐵鍋用量

		烘焙百分比%
春豐高筋麵粉	250g	100
速發乾酵母	1.5g	0.6
鹽	4g	1.6
蔗糖	12.5g	5
豆乳　（成分無調整）	75g	30
水	125g	50
太白胡麻油	12.5g	5
	Total 480.5g	192.2

準備和做法

做法基本上和準備（P40）、基本做法（P41～43）相同。但在 **STEP 1** 用豆漿取代牛奶。在 **STEP 10** 放入烤箱10分鐘後取下蓋子，再烤25分鐘。

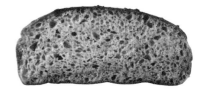

味醂

將基本吐司麵包中的蔗糖換成味醂，品嘗味醂的甘甜。
因為味醂的酒精成分高，所以重點在於使用濃縮後的味醂。

材料　1個18cm圓形鑄鐵鍋用量

		烘焙百分比%
春豐高筋麵粉	250g	100
速發乾酵母	1.5g	0.6
鹽	4g	1.6
味醂（將50g味醂濃縮煮至一半）	25g	10
牛奶	75g	30
水	100g	40
太白胡麻油	12.5g	5
	Total　468g	187.2

準備和做法

做法基本上和準備（P40）、基本做法（P41～43）相同。但在 **STEP 1** 改用濃縮味醂取代砂糖。在 **STEP 10** 放入烤箱10分鐘後取下蓋子，再烤25分鐘。

日本甘酒＋柿子乾

使用帶有米的甘甜與美味的日本甘酒做出來的麵包濕潤又彈牙。
請使用不含酒精成分的日本甘酒。

材料　1個18cm圓形鑄鐵鍋用量

		烘焙百分比%
春豐高筋麵粉	250g	100
速發乾酵母	1.5g	0.6
鹽	4g	1.6
蔗糖	12.5g	5
甘酒	50g	20
水	125g	50
太白胡麻油	12.5g	5
日本酒漬柿子乾（參考P76）	50g	20
	Total 505.5g	202.2

準備和做法

做法基本上和準備（P40）、基本做法（P41～43）相同。但在 **STEP 1** 改用日本甘酒取代牛奶，在 **STEP 4** 麵粉變得完全沒有顆粒前，加入日本酒漬柿子乾後混合攪拌。在 **STEP 10** 放入烤箱10分鐘後取下蓋子，再烤25分鐘。

咖哩粉＋黑橄欖＋南瓜籽

因為鮮豔的外觀，令人食慾大開的一款麵包。
建議和普羅旺斯雜燴等蔬菜燉煮料理一同享用。

材料　1個18cm圓形鑄鐵鍋用量

		烘焙百分比%
春豐高筋麵粉	245g	98
咖哩粉	5g	2
速發乾酵母	1.5g	0.6
鹽	4g	1.6
蔗糖	12.5g	5
牛奶	75g	30
水	125g	50
太白胡麻油	12.5g	5
黑橄欖（切成粗丁）	50g	20
南瓜籽	25g	10
	Total 555.5g	222.2
黑橄欖切片	適量	

準備和做法

做法基本上和準備（P40）、基本做法（P41～43）相同。但用塑膠袋測量麵粉時要將咖哩粉一起倒入測量。在 **STEP 4** 麵粉變得完全沒有顆粒前，加入黑橄欖和南瓜籽混合攪拌。在 **STEP 8** 將麵團放入鍋子後，撒上切片黑橄欖。在 **STEP 10** 放入烤箱10分鐘後取下蓋子，再烤25分鐘。

紫蘇粉

添加了紫蘇梅風味的紫蘇粉，像在吃日式飯糰一樣的吐司麵包。
可以依個人喜好加入切碎的梅子，更進一步提升美味度！

材料　1個17cm橢圓形鑄鐵鍋用量		烘焙百分比%
春豐高筋麵粉	250g	100
速發乾酵母	1.5g	0.6
鹽	4g	1.6
蔗糖	12.5g	5
牛奶	75g	30
水	125g	50
太白胡麻油	12.5g	5
紫蘇粉	5g	2
Total	485.5g	194.2

準備和做法

做法基本上和準備（P40）、基本做法（P41～43）相同。但在 **STEP 2** 也要加入紫蘇粉。在 **STEP 10** 放入烤箱10分鐘後不須取下蓋子，繼續烤25分鐘。

蘭姆酒漬葡萄乾

添加了滋味豐富的葡萄乾，令人無法抗拒的美味！
是一款高品質的葡萄乾吐司麵包。

材料　1個17cm橢圓形鑄鐵鍋用量		烘焙百分比%
春豐高筋麵粉	200g	100
速發乾酵母	1.2g	0.6
鹽	3.2g	1.6
蔗糖	10g	5
牛奶	60g	30
水	100g	50
太白胡麻油	10g	5
蘭姆酒漬葡萄乾（參考P76）	60g	30
Total	444.4g	222.2

準備和做法

做法基本上和準備（P40）、基本做法（P41～43）相同。但在 **STEP 4** 麵粉變得完全沒有顆粒前，加入蘭姆酒漬葡萄乾後混合攪拌。在 **STEP 10** 放入烤箱10分鐘後取下蓋子，再烤23分鐘。

菠菜粉＋培根＋炸洋蔥

加了豐富的配料且很有嚼勁的吐司。
和炒蛋等蛋類料理非常搭。

材料　1個18cm圓形鑄鐵鍋用量

		烘焙百分比%
春豐高筋麵粉	237.5g	95
菠菜粉	12.5g	5
速發乾酵母	1.5g	0.6
鹽	4g	1.6
蔗糖	12.5g	5
牛奶	75g	30
水	125g	50
太白胡麻油	12.5g	5
培根片（切成5〜8mm大小）	50g	20
炸洋蔥　`	12.5g	5
Total	**543g**	**217.2**
培根片	2枚	

準備和做法

做法基本上和準備（P40）、基本做法（P41〜43）相同。但用塑膠袋測量麵粉時要將菠菜粉一起倒入測量。在 **STEP 4** 麵粉變得完全沒有顆粒前，加入培根和炸洋蔥後再混合攪拌。在 **STEP 8** 將麵團孔洞抹平後，留出間隔平放2片培根。在 **STEP 10** 放入烤箱10分鐘後取下蓋子，再烤25分鐘。

蟹肉棒＋黑胡椒＋起司

蟹肉棒的存在像是吃一口就會上癮！
起司和黑胡椒也是最佳組合。

材料　1個18cm圓形鑄鐵鍋用量

		烘焙百分比%
春豐高筋麵粉	250g	100
速發乾酵母	1.5g	0.6
鹽	4g	1.6
蔗糖	12.5g	5
牛奶	75g	30
水	125g	50
橄欖油	12.5g	5
蟹肉棒（用手撕開）	25g	10
黑胡椒	少許	
莫札瑞拉起司		
（乳酪絲。切成1cm的大小）	50g	20
Total	**555.5g**	**222.2**
蟹肉棒	適量	
莫札瑞拉起司（乳酪絲）	適量	

準備和做法

做法基本上和準備（P40）、基本做法（P41〜43）相同。但在 **STEP 1** 改用橄欖油取代太白芝麻油。在 **STEP 4** 麵粉變得完全沒有顆粒前，加入蟹肉棒、黑胡椒、莫札瑞拉起司後再混合攪拌。在 **STEP 8** 將麵團放入鍋子後，撒上莫札瑞拉起司、放上幾條蟹肉棒。在 **STEP 10** 放入烤箱10分鐘後取下蓋子，再烤25分鐘。

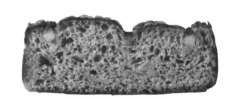

白蘭地酒漬聖女番茄＋扁桃仁（俗稱杏仁）

清爽的聖女番茄滋味讓美味度倍增。
配沙拉一起吃也很好吃, 塗上自己喜愛的果醬也非常Good!

材料　1個17cm橢圓形鑄鐵鍋用量

		烘焙百分比%
春豐高筋麵粉	250g	100
速發乾酵母	1.5g	0.6
鹽	4g	1.6
蔗糖	12.5g	5
牛奶	75g	30
水	125g	50
太白胡麻油	12.5g	5
白蘭地酒漬聖女番茄		
（參考P76）	50g	20
（烘烤）碎扁桃仁	25g	10
Total	555.5g	222.2

準備和做法

做法基本上和準備（P40）、基本做法（P41〜43）相同。但在 **STEP 4** 麵粉變得完全沒有顆粒前, 加入白蘭地酒漬聖女番茄、碎扁桃仁後再混合攪拌。在 **STEP 10** 烤10分鐘後不須取下蓋子, 再繼續烤25分鐘。

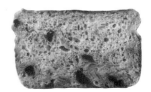

起司粉＋扁桃仁（俗稱杏仁）＋紅切達起司

因為這款吐司內含滋味豐富的大量起司，所以也能拿來當作下酒菜。
若有剩下的吐司，切成小塊做成麵包丁也很好吃。

材料　1個17cm橢圓形鑄鐵鍋用量

		烘焙百分比%
春豐高筋麵粉	200g	100
速發乾酵母	1.2g	0.6
鹽	3.2g	1.6
蔗糖	10g	5
牛奶	60g	30
水	100g	50
太白胡麻油	10g	5
起司粉	40g	20
紅切達起司	40g	20
扁桃仁（烘烤。切成粗丁）	20g	10
Total	484.4g	242.2

準備和做法

做法基本上和準備（P40）、基本做法（P41〜43）相同。但在 **STEP 4** 麵粉變得完全沒有顆粒前, 加入埃德姆起司粉、紅切達起司、扁桃仁後再混合攪拌。在 **STEP 10** 放入烤箱10分鐘後取下蓋子，再烤23分鐘。

高水量麵包製作 Q&A

若想做出高品質的高水量麵包，麵粉、麵團和鍋子大小都是製作的關鍵。
以下回答製作高品質麵包時會碰到的疑問。

Q. 基本款的高水量麵包麵粉用量訂為300g，為什麼吐司麵包和布里歐修麵包分為200g、250g、300g呢？

A. 因為這兩種屬於比較講究口感的麵包。

本書中藉由鑄鐵鍋的外型烤出麵包形狀。在固定的尺寸中倒入麵團烤焙，所以麵包口感會因麵團延展狀況而產生極大的差異。在小鍋中倒入大量的麵團會滿出來，相較於鍋子來說偏少的麵團，成品就會變得扁平，就沒辦法烤出柔軟的麵包。因此，**本書配合鍋具大小，設定了最佳的麵團使用份量**。麵團份量與鍋具大小是烤出美味麵包的一大關鍵。特別是重視鬆軟感的吐司麵包和布里歐修麵包，參考不同鍋具的建議用量來製作，就能做出令人滿意的口感和味道的麵包。

Q. 測量酵母的時候，一定要使用微量電子秤，不能用量匙嗎？

A. 因為酵母的份量會影響到麵包的膨脹與味道，所以建議使用微量電子秤。

若是沒有微量電子秤，改用量匙測量也可以，但請盡量確保和本書的使用量一致。測量出1小匙（平匙）的重量，計算出材料應為1小匙的幾分之幾，以便確保份量數值一致。另外，測量鹽的時候也是一樣。鹽不只和鹹味濃淡有關，也大大地**影響了麵團的緊實程度和酵母的活性發揮**。若鹽量不正確，視情況不同麵團可能會在標示的發酵時間以前，就過度膨脹溢出密閉容器。反之，麵團也可能因此不膨脹。為了避免發酵失敗，建議使用微量電子秤來測量出準確的數值。

Q. 麵包用粉中「TYPE○○」是指哪種麵粉？

A. 是指標示了灰分量的麵粉。

在日本依小麥麵粉的蛋白質含量分為高筋麵粉（強力粉）和低筋麵粉（薄力粉），在歐洲則是依灰分量標示出「TYPE○○」來分類。本書中使用的「TYPE ER」中的ER是Europe的縮寫，意思是歐式硬麵包專用粉。等同於日本高灰分量的中高筋麵粉。舉例來說，「TYPE65」、「TYPE80」等，數字代表灰分量，數字越大麵粉則越美味。

Q. 在書中使用了「春之戀高筋麵粉」和「春豐高筋麵粉」等日本產小麥麵粉，不能使用書中沒介紹到的麵粉嗎？

A. 當然可以，請多試試看不同品牌的麵粉。

做麵包的目的是做出對自己來說覺得"最好吃！"的麵包。不須局限於本書中介紹的麵粉，也請多方嘗試其他品牌的麵粉。**使用不同的小麥麵粉，麵團膨脹方式和味道也會改變**。若使用北美產的高筋麵粉，麵包的膨脹度很高；使用灰分量大於0.5%的小麥麵粉則不會膨脹那麼多，但味道很濃。使用其他品牌的麵粉時，**請先試做基本款的高水量麵包（P16）確認麵粉的特徵後**，再應用在**吐司麵包和布里歐修麵包上**。

Q. 書上寫說使麵團膨脹的東西是Yeast或酵母，這是同一種東西嗎？

A. 是，是一樣的東西。

酵母的英文是Yeast，酵母是指微生物中某種菌種的總稱。因為酵母具有活性，所以酵母在固定的溫度、氧氣和營養素等條件下會開始產生活力。做麵包時酵母會攝取麵團中的營養素後變得活躍，反覆分裂並開始發酵。皆由這個過程將麵團中的澱粉和麥芽糖分解成葡萄糖，酵母攝取消化後，產生二氧化碳。麵團會因二氧化碳而膨大。

Q. 鍋子是冷的時候，把麵團放進鍋子裡不會影響發酵嗎？

A. 加熱後使用會更安心。

Staub的鍋子具有高度保溫性和保濕性，另一方面也有優秀的保冷性。**冬天時房間溫度低，當然鍋具也會變冷**。若用手碰觸後覺得「好冷！」的話，**將鍋子加熱到體溫程度再使用會更安心**。將溫水倒入鍋中暫時放置後再倒出水，把水氣徹底擦乾後鋪上烘焙紙。在處理好的鍋中倒入麵團，就能確保發酵溫度，也就不會對麵團產生影響。

Q. 按照書上寫的發酵時間進行了發酵，但為什麼麵團沒有像書上一樣膨脹起來？

A. 發酵時間都只是參考基準而已！

酵母具有活性，所以會因微妙的溫度差異影響麵團膨脹程度。**做麵包時室內的溫度、工具的溫度、手的溫度和作業時間等都會影響發酵**。想要做出像本書一樣的麵包的一大重點就在於**「基礎發酵溫度」**。**先精確地調整添加液體的溫度**，達到目標的基礎發酵溫度，就能在一樣的發酵時間內，讓麵包膨脹到相同的程度。以製作精準的口感和味道的麵包為目標時，只要確實遵守基礎發酵溫度，就能烤出和想像中一模一樣的麵包。對照一次發酵和最終發酵的照片，檢查是否發酵順利。若和書中一樣，美味的麵包就完成了。

Q. 一次發酵要放在冷藏中一晚，但因為隔天無法做麵包不小心放了兩晚。這樣可以嗎？

A. 我認為麵團最多可放置兩晚。

當然只放置一晚是最好的，不過放到兩晚勉強還可以。雖說是將麵團冷藏，但發酵不會因此停止，而是緩慢進行，所以**麵團的組織會緩慢地弱化**。將麵團移到Staub鑄鐵鍋後進行最終發酵的階段時，會比預測時間更加費時，麵包的膨脹情況也有可能變差。因為丟掉冰了兩晚的麵團很浪費，所以請抱持著可能會有以上情況發生的覺悟來烤看看吧！麵包本來就可能會有些許差異，所以並不是不能吃。

品質優良的
布里歐修麵包

柔軟卻又帶有濃厚風味的布里歐修麵包。

重點在於使用了滿滿奶油。

吃起來就像磅蛋糕一樣，

請盡情享用奶油的香氣以及麵包的濕潤感吧！

高水量布里歐修麵包

布里歐修麵包和吐司麵包一樣，在一天內進行一次發酵、最終發酵到烤焙出爐。

這款麵包的秘訣在邊捲動刮刀，邊強化麵筋組織。

加入大量的糖、奶油和蛋液，做出滋味豐富的麵包。

故意加蓋烤到最後，可以品嘗到一致的口感。

BASIC

材料　1個17cm橢圓形鑄鐵鍋用量

		烘焙百分比%
夢之力高筋麵粉	200g	100
速發乾酵母	1.6g	0.8
鹽	3.2g	1.6
蔗糖	20g	10
牛奶	40g	20
蛋液	40g	20
水	80g	40
奶油（不含鹽。切成5mm丁狀）	40g	20

Total 424.8g　212.4

準備

當天

- 將麵粉倒入塑膠袋中測量。
- 在鍋子裡鋪上烘焙紙(參考P11)。

〔 不同鍋款、麵粉用量和烤焙時間 〕
*麵粉用量為250g或300g時，請依循上方標示烘焙百分比調整其他的材料。

	17cm橢圓形	18cm圓形	20cm圓形
麵粉200g	加蓋30分	30分（加蓋10分鐘→不加蓋20分鐘）	
麵粉250g	30~35分（加蓋10分鐘→不加蓋20~25分鐘）		
麵粉300g	✕	38分（加蓋10分鐘→不加蓋28分鐘）	

STEP 1

將材料倒入容器中

按照順序將鹽→糖→牛奶→蛋液→水倒入容器中。

STEP 2

攪拌

用刮刀攪拌均勻，直到鹽和糖溶解。

STEP 3

混合麵粉和奶油

將麵粉倒入塑膠袋中測量，加入奶油後，保留袋中空氣並搖晃袋子混合。
有時候奶油會結塊，用手捏碎並混合至沒有結塊為止。

在麵粉中加入奶油。

搖晃混合均勻。

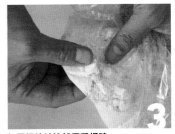

如果奶油結塊就用手捏碎。

STEP 4

混合酵母

在塑膠袋的粉類中加入酵母，保留袋中空氣後搖晃混合均勻。

STEP 5

將塑膠袋中的粉類倒入容器中攪拌

將塑膠袋中的粉類倒入容器中，用刮刀「由下往上翻拌」，邊轉動容器邊重複這個步驟，直到八成材料攪拌均勻為止。

一開始要將刮刀插入中央後翻拌。

邊轉動容器邊攪拌。

STEP 6

小幅度畫圈攪拌後抹平麵團

用刮刀在容器中小幅度地畫圈攪拌，直到麵粉沒有顆粒為止，再將麵團的表面抹平。

基礎發酵溫度 25℃

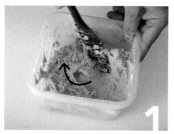

用刮刀小幅度畫圈攪拌。

抹平麵團。

STEP 7

一次發酵

加蓋後在30℃下發酵30分鐘。可善用烤箱的發酵功能。在室溫下（25℃）發酵大約要1個小時左右。以麵團稍微膨脹起來為判斷基準。

STEP 8

用刮刀大幅度地混合攪拌

「將刮刀插入角落後提起麵團→轉動刮刀半圈→將麵團放到中央」。在對面的角落也重複一次上述步驟。

將麵團提起。

轉動刮刀半圈。

放置麵團。

STEP 9

用刮刀捲起麵團

將對面的角落的麵團放到中央後，把刮刀垂直插到容器中央，邊轉動邊捲起麵團。

將刮刀垂直插在中央。

轉動刮刀並將麵團捲在刮刀上。

STEP 10

倒入鍋中

在刮刀上纏著麵團的狀態下提起麵團後，放入鋪好烘焙紙的鍋子裡。將麵團從刮刀上取下後，用手指抹平孔洞。

提起麵團放到鍋中。

用手將刮刀上的麵團取下。

用手指抹平孔洞。

STEP 11

最終發酵

加蓋後在30℃下發酵1個半小時。可善用烤箱的發酵功能。在室溫（25℃）下發酵的話約為2個半小時。以麵團膨脹至1.5倍為判斷基準。

發酵後

STEP 12

烤焙

加上鍋蓋並放入預熱好的烤箱中烤30分鐘。將麵包連同烘焙紙一起從鍋中取出放涼。

蓋上蓋子放入烤箱。

電子式烤箱

預熱至190℃。用190℃烤30分鐘。

瓦斯式烤箱

預熱至170℃。用170℃烤30分鐘。

蕎麥果實＋白蘭地酒漬蘋果　材料與做法→ P66

黑醋栗香甘酒漬莓果　材料與做法→ P66

椰子＋白酒漬芒果　材料與做法→ P67

優格　材料與做法→ P67

蕎麥果實＋白蘭地酒漬蘋果

蕎麥果實的口感是一大亮點。
可隨個人喜好加入少量肉桂粉，更進一步地提升美味度。

材料 1個17cm橢圓形鑄鐵鍋用量

		烘焙百分比%
夢之力高筋麵粉	200g	100
速發乾酵母	1.6g	0.8
鹽	3.2g	1.6
蔗糖	20g	10
牛奶	40g	20
蛋液	40g	20
水	80g	40
香草油	1～2滴	
奶油（無鹽。切成5mm丁狀）	40g	20
白蘭地酒漬蘋果（參考P76）	40g	20
蕎麥果實	20g	10
熱水	20g	10
	Total 504.8g	252.4

準備和做法

做法基本上和準備（P60）、基本做法（P61～63）相同。但要先將蕎麥果實放在耐熱容器中，用保鮮膜封口後浸泡熱水30分鐘。在 **STEP 1** 也要加入香草油，在 **STEP 6** 麵粉變得完全沒有顆粒前，加入白蘭地酒漬蘋果和蕎麥果實後混合攪拌。

黑醋栗香甘酒漬莓果

這款麵包的特徵是莓果鮮豔的色彩與酸味。
和起司、生火腿、葡萄酒等非常相配。

材料 1個17cm橢圓形鑄鐵鍋用量

		烘焙百分比%
夢之力高筋麵粉	200g	100
速發乾酵母	1.6g	0.8
鹽	3.2g	1.6
蔗糖	20g	10
牛奶	40g	20
蛋液	40g	20
水	80g	40
奶油（無鹽。切成5mm丁狀）	40g	20
黑醋栗香甘酒漬莓果 （參考P77）	60g	30
	Total 484.8g	242.4

準備和做法

做法基本上和準備（P60）、基本做法（P61～63）相同。但在 **STEP 6** 麵粉變得完全沒有顆粒前，加入黑醋栗香甘酒漬莓果後混合攪拌。在 **STEP 12** 放入烤箱10分鐘後取下蓋子，再烤20分鐘。

椰子＋白酒漬芒果

與椰子是最佳組合的芒果是這款麵包味道的亮點。
椰子油會因溫度不同而有不同的狀態，所以要注意攪拌的方式！

材料　1個17cm橢圓形鑄鐵鍋用量

		烘焙百分比%
夢之力高筋麵粉	200g	100
速發乾酵母	1.6g	0.8
鹽	3.2g	1.6
椰糖	20g	10
椰奶	40g	20
蛋液	40g	20
水	80g	40
椰子油	40g	20

＊ 椰子油在25℃以下時呈現固狀，25℃以上時呈現液狀。固體椰子油的攪拌方式和奶油一樣，液體椰子油的攪拌方式和太白胡麻油一樣。在本書中使用固體椰子油。

白酒漬芒果（參考P77）	40g	20

Total 464.8g　　232.4

椰絲	適量

準備和做法

做法基本上和準備（P60）、基本做法（P61～63）相同。但在**STEP 1**要加入椰糖和椰奶後混合攪拌。在**STEP 3**在塑膠袋的粉類中加入弄碎的固體椰子油後，搖晃袋子混合至沒有結塊為止。在**STEP 6**麵粉變得完全沒有顆粒前，加入白酒漬芒果後混合攪拌。在**STEP 10**將麵團放入鍋子後，撒上椰絲。在**STEP 12**放入烤箱10分鐘後，取下蓋子再烤20分鐘。

優格

這款麵包是布里歐修麵包中，最能享受到發酵的美味與酸味的麵包。
柔軟的口感令人欲罷不能。

材料　1個17cm橢圓形鑄鐵鍋用量

		烘焙百分比%
夢之力高筋麵粉	200g	100
速發乾酵母	1.6g	0.8
鹽	3.2g	1.6
蔗糖	20g	10
優格	40g	20
蛋液	40g	20
水	80g	40
發酵奶油（切成5mm丁狀）	40g	20

Total 424.8g　　212.4

碎扁桃仁	適量

準備和做法

做法基本上和準備（P60）、基本做法（P61～63）相同。但在**STEP 1**加入糖後要再加入優格。在**STEP 10**將麵團放入鍋子後，撒上碎扁桃仁。

蘭姆酒漬香蕉＋熟可可粒

香蕉的甜味配上熟可可粒的芳香與微苦做成這款有個性的麵包。
豐富的風味也充滿魅力。

材料　1個18cm圓形鑄鐵鍋用量

		烘焙百分比%
夢之力高筋麵粉	250g	100
速發乾酵母	2g	0.8
鹽	4g	1.6
蔗糖	25g	10
牛奶	50g	20
蛋液	50g	20
水	100g	40
奶油（無鹽。切成5mm丁狀）	50g	20
蘭姆酒漬香蕉（參考P77）	37.5g	15
熟可可粒	12.5g	5
Total	**581g**	**232.4**

準備和做法

做法基本上和準備（P60）、基本做法（P61～63）相同。但在 **STEP 6** 麵粉變得完全沒有顆粒前，加入蘭姆酒漬香蕉後混合攪拌。在 **STEP 12** 放入烤箱10分鐘後，取下蓋子再烤20～25分鐘。

椰棗糖漿＋美國山核桃

帶有濃郁香氣的椰棗糖漿加上美國山核桃，做成一款滋味豐富的麵包。
豆漿的風味也幫助提升美味度。

材料　1個18cm圓形鑄鐵鍋用量

			烘焙百分比%
夢之力高筋麵粉		250g	100
速發乾酵母		2g	0.8
鹽		4g	1.6
椰棗糖漿		25g	10
＊沒有的話也可以使用楓糖漿。			
豆漿		100g	40
水		100g	40
起酥油（有機）		50g	20
美國山核桃（烘烤。切成粗丁）	50g		20
Total		**581g**	**232.4**

準備和做法

做法基本上和準備（P60）、基本做法（P61～63）相同。但在 **STEP 1** 用椰棗糖漿和豆漿取代糖和、牛奶和蛋液。在 **STEP 3** 麵粉中加入起酥油，並搖晃袋子直到沒有結塊為止。在 **STEP 6** 麵粉變得完全沒有顆粒前，加入美國山核桃。在 **STEP 12** 放入烤箱10分鐘後，取下蓋子再烤20～25分鐘。

麥茶＋白巧克力粒

帶有令人抗拒不了的茶葉香氣的和風麵包。
加入白巧克力粒，為麵包增添了醇厚的滋味。

材料　1個17cm橢圓形鑄鐵鍋用量

		烘焙百分比%
夢之力高筋麵粉	200g	100
速發乾酵母	1.6g	0.8
鹽	3.2g	1.6
練乳	20g	10
牛奶	40g	20
溶き卵	40g	20
水	80g	40
奶油（無鹽。切成5mm丁狀）	40g	20
麥茶粉	2g	1
＊沒有的話也可以用食品研磨機打碎麥茶。		
白巧克力粒	20g	10

Total 446.8g　223.4

準備和做法

做法基本上和準備（P60）、基本做法（P61～63）相同。但在 **STEP 1** 加鹽後再加入煉乳。在 **STEP 3** 麥茶粉要和麵粉一起測量。在 **STEP 6** 麵粉變得完全沒有顆粒前，加入白巧克力粒後混合攪拌。在 **STEP 12** 放入烤箱10分鐘後，取下蓋子再烤20分鐘。

碎榛果＋焦糖可可粒

在麵團中加入榛果粉提味。
一起來品嘗奢華的堅果醇香滋味吧！

材料　1個17cm橢圓形鑄鐵鍋用量

		烘焙百分比%
夢之力高筋麵粉	180g	90
榛果粉（帶皮）	20g	10
＊ 沒有的話也可以使用杏仁粉（扁桃仁粉）。		
速發乾酵母	1.6g	0.8
鹽	3.2g	1.6
蔗糖	20g	10
牛奶	40g	20
蛋液	40g	20
水	80g	40
奶油（無鹽。切成5mm丁狀）	40g	20
碎榛果（烘烤）	20g	10
焦糖可可粒	30g	15

Total 474.8g　237.4

準備和做法

做法基本上和準備（P60）、基本做法（P61～63）相同。但在 **STEP 3** 榛果粉要和麵粉一起測量。在 **STEP 6** 麵粉變得完全沒有顆粒前，加入碎榛果和焦糖可可粒後混合攪拌。

白酒漬杏桃和葡萄乾

這款麵包的重點在於將帶有強烈酸味的杏桃搭配上香氣濃郁的楓糖。
請享用吃起來像鬆餅一樣的麵包。

材料　1個20㎝圓形鑄鐵鍋用量

		烘焙百分比%
夢之力高筋麵粉	300g	100
速發乾酵母	2.4g	0.8
鹽	4.8g	1.6
楓糖	30g	10
牛奶	60g	20
蛋液	60g	20
水	120g	40
奶油（無鹽。切成5mm丁狀）	60g	20
白酒漬杏桃和葡萄乾 （參考P77）	90g	30

Total 727.2g　　242.4

準備和做法

做法基本上和準備（P60）、基本做法（P61～63）相同。但在 **STEP 1** 加鹽後要再加楓糖。在 **STEP 6** 麵粉變得完全沒有顆粒前，加入白酒漬杏桃和葡萄乾後混合攪拌。在 **STEP 12** 放入烤箱10分鐘後，取下蓋子再烤28分鐘。

紫薯粉＋奶油起司

外觀很有意思的紫薯色麵包，加入奶油起司提升風味。
令人忍不住一吃再吃的魅力麵包。

材料　1個20cm圓形鑄鐵鍋用量

		烘焙百分比%
夢之力高筋麵粉	282g	94
紫薯粉	18g	6
速發乾酵母	2.4g	0.8
鹽	4.8g	1.6
蔗糖	30g	10
牛奶	60g	20
蛋液	60g	20
水	120g	40
奶油（無鹽。切成5mm丁狀）	60g	20
奶油起司（切成5mm丁狀）	60g	20
Total	697.2g	232.4

準備和做法

做法基本上和準備（P60）、基本做法（P61～63）
相同。但在 **STEP 3** 紫薯粉要和麵粉一起測量。
在 **STEP 6** 麵粉變得完全沒有顆粒前，加入奶油
起司後混合攪拌。在 **STEP 12** 放入烤箱10分鐘
後，取下蓋子再烤28分鐘。

黑啤酒＋柳橙皮＋澳洲胡桃

黑啤酒的苦味會讓人上癮，稍微帶點成熟風的布里歐修麵包。
柳橙皮和澳洲胡桃的風味與口感醞釀出高級的滋味。

材料　1個20㎝圓形鑄鐵鍋用量

		烘焙百分比%
夢之力高筋麵粉	300g	100
速發乾酵母	2.4g	0.8
鹽	4.8g	1.6
蔗糖	30g	10
牛奶	60g	20
蛋液	60g	20
黑啤酒	120g	40
奶油（無鹽。切成5mm丁狀）	60g	20
柳橙皮	30g	10
澳洲胡桃（烘烤。切成粗丁）	60g	20

Total 727.2g　242.4

準備和做法

做法基本上和準備（P60）、基本做法（P61～63）相同。但在 **STEP 1** 也要加入黑啤酒。在 **STEP 6** 麵粉變得完全沒有顆粒前，加入柳橙皮和澳洲胡桃後混合攪拌。在 **STEP 12** 放入烤箱10分鐘後，取下蓋子再烤28分鐘。

也有使用食物調理機攪拌
材料的方法。

一開始用食物調理機混合材料就會非常簡單。吐司麵包和布里歐修麵包，原本的做法是在密閉容器中加入糖、鹽、蛋液、牛奶和水等材料後混合，再另外搖晃混合塑膠袋中麵粉，或是在麵粉中加入奶油後混合。用食物調理機的話，只要一個步驟就能完成。不需要用刮刀攪拌或搖晃袋子，只要按下開關就能瞬間攪拌均勻，非常方便。請務必試試看。

STEP 1
混合麵粉和奶油
在容器中倒入麵粉和奶油後，按下開始鍵。5～10秒後即可攪拌均勻。

STEP 2
混合速發乾酵母
加入速發乾酵母後，按下開始鍵。2～3秒後即可攪拌均勻。

STEP 3
混合鹽和糖
加入鹽和糖後，按下開始鍵。2～3秒後即可攪拌均勻。

STEP 4
混合水和蛋液等液體
加入水、牛奶、蛋液等液體後，按下開始鍵。5～10秒後即可攪拌均勻。

STEP 5
將黏在刀頭上的麵團取下
拆下刀頭後用刮刀小心地取下麵團後，放入容器中進行一次發酵。

淹漬水果的做法

以下為吐司麵包和布里歐修麵包中使用的醃漬水果的做法。

配合麵包分別使用不同品種的酒。

不論那種醃漬水果一律放入保存容器中保存3天後即可使用。

日本酒漬柿子乾

→ 使用於P47。

材料與做法 （成品110g）

在容器中放入切成5〜8mm大小的柿子乾100g以及日本酒10g。

蘭姆酒漬葡萄乾

→ 使用於P49。

材料與做法 （成品129g）

在容器中放入加州葡萄乾、蘇丹娜葡萄乾和綠葡萄乾各33g以及（白）蘭姆酒30g。

白蘭地酒漬聖女番茄

→ 使用於P53。

材料與做法 （成品115g）

在容器中放入切成1cm大小的聖女番茄乾100g以及白蘭地酒15g。

白蘭地酒漬蘋果

→ 使用於P66。

材料與做法 （成品120g）

在容器中放入切成1cm大小的蘋果乾100g以及法國卡爾瓦多斯蘋果白蘭地酒20g。

＊ 卡爾瓦多斯酒是以蘋果作為原料製成的蒸餾酒，屬於白蘭地酒的一種。沒有這種酒的時候用其他白蘭地酒也可以。

黑醋栗香甘酒漬莓果
→ 使用於P66。

材料與做法 （成品120g）

在容器中放入蔓越莓乾、黑醋栗乾、藍莓乾和櫻桃乾各25g以及黑醋栗香甘酒20g。

白酒漬芒果
→ 使用於P67。

材料與做法 （成品120g）

在容器中放入切成1㎝大小的芒果乾100g以及白葡萄酒20g。

蘭姆酒漬香蕉
→ 使用於P69。

材料與做法（成品110g）

在容器中放入香蕉乾100g以及蘭姆酒（褐色）10g。

＊ 沒有香蕉乾的時候，用生香蕉也可以。將薄片狀的香蕉乾切成3～5mm大小。

白酒漬杏桃和葡萄乾
→ 使用於P72。

材料與做法 （成品130g）

在容器中放入切成5～8mm大小的杏桃乾和葡萄乾各50g以及白葡萄酒30g。